LA PALESTINE

ET

LE PLAN DIVIN

PAR

M. L'ABBÉ LAURENT DE SAINT-AIGNAN

CHANOINE DE LA CATHÉDRALE D'ORLÉANS

MEMBRE DE L'ACADÉMIE DE SAINTE-CROIX

DEUXIÈME PARTIE

ORLÉANS

IMPRIMERIE PAUL GIRARDOT

VIS-A-VIS DU MUSÉE

Josèphe fait un éloge splendide de l'excellence de la terre promise, il va jusqu'à l'appeler *un pays divin* θεῖον χωρίον, et il ajoute : « Je doute qu'en tout le reste du monde il s'en rencontre un autre qui puisse lui être comparé, car tout ce que l'on y sème, et ce que l'on y plante s'y multiplie d'une manière incroyable. » (*Guerre des Juifs*, XXVII). Ce témoignage est confirmé par celui des voyageurs modernes. Nous n'en citerons qu'un seul. Wilson, qui est venu de Bombay à Jéricho, a été très surpris d'y admirer la végétation des Indes, comme d'autres y avaient déjà observé des plantes et des animaux des régions tropicales de l'Afrique.

Oui, on peut dire que sous le ciel de la Palestine sont réunis tous les climats du monde. Là bas, au nord, sur cette montagne toujours revêtue de neige, c'est-à-dire le Grand Hermon, c'est l'hiver avec ses frimas. Descendez dans cette vallée qui s'étend à une certaine hauteur, vous vous trouverez au milieu d'un air de printemps doux et léger. Un peu plus bas, sur ce plateau parmi les collines où pousse le blé, où le figuier montre ses tendres bourgeons, vous vous croiriez en France dans un beau jour d'été. Avancez jusque dans la plaine de Saron, vous avez un été de Syrie dont la forte chaleur est tempérée par les brises rafraîchissantes de la Méditerranée. Si vous tournez vos pas du côté de l'Orient, et si vous descendez dans la profonde gorge (*El-Ghor*) au milieu de laquelle le Jourdain roule ses ondes rapides, vous y rencontrerez les ardeurs torrides des tropiques.

Quant à ce qui concerne l'aspect scientifique, le

savant directeur de l'exploration anglaise en Palestine, le capitaine Conder, affirme que *« ce pays est pour le naturaliste une des plus intéressantes contrées de l'univers. »* C'est ainsi que dans la courte distance qui sépare le mont Hermon de la mer Morte on trouve des séries de faunes et de flores s'étendant depuis celles des régions arctiques jusqu'à celles des pays les plus brûlants. Les mousses de l'Hermon sont analogues à celles des montagnes Norwégiennes ; dans ses retraites désolées demeurent encore à présent les descendants des ours mentionnés par la Bible, et souvent ils rôdent jusqu'aux villages d'alentour pour festiner avec les raisins dans de luxuriants vignobles. D'un autre côté, dans la plantureuse vallée de Jéricho, le palmier-dattier fleurit comme dans son propre terrain, les branches des mimosas sont chargées de gracieux petits oiseaux au gazouillement enchanteur qui appartiennent à la faune de l'Afrique centrale, et dans les jongles du Jourdain, où le lion se cachait dans les temps antiques, on rencontre quelquefois le léopard des Indes orientales. En un mot, il n'y a nulle part sur la terre un fruit ou une fleur qui ne puisse rencontrer en Palestine le sol et la température nécessaires pour leur existence.

On fera peut-être cette objection : Plusieurs voyageurs, loin de vanter la fertilité du pays de Canaan, déplorent sa stérilité et son aspect triste et désolé. Des dunes de sable, des marécages, des villages misérables perchés sur des monticules, les ruines de mille cités dévastées depuis l'époque de Josué jusqu'à nos jours, les campements noirâtres des Bédouins, des troupeaux errants de chèvres et de moutons qui broutent des herbages produits par une végétation spontanée, et çà et là quelques beaux champs de blé, mais presque partout des terres désertes et incultes avec des montagnes dénudées, tels sont, disent ces touristes de mauvaise humeur, les objets qui s'offraient à nos regards. Nous ne pouvons nier qu'il n'y ait quelque chose de vrai dans ce tableau un peu trop noirci, mais cela ne saurait contredire nos assertions précédentes, car cette désolation et cette stérilité sont le fait de l'homme et non de la nature. Ce qui le prouve bien ce sont les magnifiques récoltes que l'on obtient partout où le sol est cultivé, même avec les méthodes antiques et si imparfaites des Arabes, par exemple dans les plaines de Saron et d'Esdrélon. Cette désolation et cette stérilité c'est l'effet de la malédiction divine qui pèse depuis dix-huit siècles sur le peuple Juif et sur sa patrie pour le punir de son déicide : c'est l'accomplissement des terribles menaces que Moïse a fulminées dans le *Deutéronome* (XXIX) contre ce pays si ses habitants ne craignaient pas d'enfreindre la loi divine. Et puis il faut observer que la Terre-Sainte ne présente pas le même coup d'œil quand on la voit à l'automne où toutes les récoltes sont recueillies, où les fleurs et même les herbages sont rôtis par un soleil ardent, que lorsqu'on la parcourt pendant son printemps si délicieux. Le Seigneur, en dotant d'une terre si excellente son peuple choisi, l'avait donc bien favorisé, et les richesses matérielles qu'on pouvait y obtenir étaient le symbole, et comme le gage, des biens surnaturels que ce peuple posséderait dans la vie future s'il demeurait fidèle à l'alliance de son Dieu.

La Palestine devait encore servir à une autre fin. C'est là que devait être écrit l'Ancien Testament. Or il nous est facile de remarquer l'admirable convenance de cette Terre avec ce Livre, ou plutôt avec ses écrivains. Dans quelque pays que le « *message* » de l'Écriture-Sainte eût été composé, il aurait été le même, car, étant une communication totalement surnaturelle, ce message devait être nécessairement et absolument le produit de l'inspiration divine ; mais la draperie, pour ainsi dire, de ce message pouvait varier, et a varié, en effet, suivant le rang, les occupations et l'état mental de l'homme par les mains duquel il a été envoyé. Si elle avait été écrite dans une contrée plate et d'une aride monotonie, comme l'Égypte, la Bible, tout en contenant la même somme de vérités surnaturelles, aurait pu être privée de cette diction enflammée, de ces dramatiques épisodes, de ces images hardies et poétiques, et des grandes peintures tirées de la nature qui donnent à ses pages une splendeur littéraire sans rivale, et une action si fascinante sur tous les peuples du monde civilisé, soit qu'ils vivent en Orient ou en Occident. Mais Dieu a pourvu à ce que l'Ancien Testament vînt à nous avec son divin message revêtu d'une draperie noble et variée. En conséquence, ses écrivains ont été nourris dans une terre abondante en types de beauté et de sublimité. Par là leurs sympathies naturelles et leur sensibilité ont été élevées et fortifiées. Ils ne pouvaient parler que le langage de la poésie. Ils étaient de grands artistes sans avoir jamais étudié l'art Tandis qu'ils répondaient avec une sincérité absolue et littérale à l'Esprit du Très-Haut qui parlait par leur organe, tandis qu'ils ne substituaient jamais une imagination poétique à un fait historique, ni une légende mythique à une vérité surnaturelle, ils donnaient cependant libre carrière, dans la communication de leur message sacré, aux vifs sentiments, aux émotions ardentes, aux tournures dramatiques, et à l'attrait pour les magnifiques métaphores qui sont naturelles aux Orientaux, et dans lesquelles ils étaient entretenus chez eux par les choses sublimes au milieu desquelles ils habitaient — les richesses de leur terre d'une fertilité enchanteresse, et les splendeurs de leur ciel brillant d'un éclat inconnu parmi nous.

Les écrivains de l'Ancien Testament ont donc reçu spécialement, outre d'autres dons d'un ordre plus élevé, cette éducation esthétique. Ils avaient été nourris dans une contrée où le Liban remplissait l'horizon avec ses pics neigeux se perdant dans les nuages, où les vagues de la mer immense se brisaient avec fracas le long du rivage, où les terribles ouragans, accompagnés d'éclairs et de coups de tonnerre, obscurcissaient de temps en temps la voûte céleste, où l'olivier et la vigne étaient des emblêmes d'abondance, où le palmier portait dans les airs sa tête altière comme un symbole de paix, et les collines nues et brûlées du désert du midi suggéraient de sombres images de colère et de désolation, en un mot, une contrée où l'œil pouvait contempler, dans des limites très restreintes, des scènes plus variées que dans aucune autre province de l'Orient. C'est ainsi que l'Écriture Sainte contient des peintures tirées de la nature qui, pour la vérité et la grandeur, surpassent de beaucoup celles que l'on trouve dans les autres livres. Les paysages de la Terre Sainte sont reproduits fidèlement sur ses pages, tandis que ses écrivains, comme nous l'avons dit, ne s'écartent nullement de la doctrine et des faits surnaturels qu'ils avaient mission de faire connaître aux hommes.

En résumé, d'après nos études précédentes, on voit que la Palestine a été choisie de Dieu pour servir à trois nobles fins. Premièrement, elle devait être la base matérielle pour seconder un grand mouvement spirituel ; secondement, elle devait être la demeure de ce peuple par le moyen duquel les premières étapes de ce mouvement devaient s'effectuer ; et, troisièmement, elle était destinée à être le lieu d'origine de ce livre divin dans lequel l'histoire de ce mouvement religieux devait être mentionné, et par lequel il devait s'étendre jusqu'aux autres pays et descendre jusqu'à la postérité la plus reculée. Or, la parfaite convenance de la Palestine pour ces trois fins est aux yeux d'un esprit perspicace et droit une preuve éminemment satisfaisante et convaincante de la vérité du Christianisme. N'en doutons pas, la préparation lente, mais constante, étape par étape, dans la constitution physique du pays, et dans le développement intellectuel et politique des diverses nations pour l'avènement, en temps voulu, de ce système religieux qui seul a été capable d'établir l'ordre, la vraie liberté et la moralité dans le monde est sûrement un argument irréfutable en faveur de la prescience et de la sagesse infinies qui ont dirigé cet enchaînement pendant un temps si long, et aussi de la vérité et de la divinité de cette religion chrétienne dans laquelle ce système a reçu son admirable couronnement.